Geographic Information Systems (GIS) "Tools for management and decision making"

Pr. Ali ESSAHLAOUI

ISBN-10:1500849669
ISBN-13: 978-1500849665

DEDICACE

Ce modeste travail est dédié à tous ceux qui veulent s'initier et développer leur connaissance sur les systèmes d'information Géographique. Ces derniers constituent des outils d'aide à la gestion et à la prise de décision.

SOMMAIRE

ACKNOWLEDGMENTS
REMERCIEMENTS

Mes remerciements s'adressent à tous ceux ou celles qui m'ont aidé de près ou de loin à la réalisation de ce travail..

1 INTRODUCTION GENERALE SUR LES S.I.G

1-1- L'Information Géographique (I. G)

Tout objet sur la terre, puisqu'il existe quelque part, possède une dimension spatiale. Il s'agit justement de l'information géographique qui retranscrit en partie le monde réel.

L'IG Désigne toute information sur des objets localisés à la surface de la terre

L'information géographique a une double composante

- Une composante graphique :

description de la forme de l'objet

 localisation de l'objet

    (coordonnées X,Y ou autres

- Une composante attributaire : caractéristiques décrivant l'objet

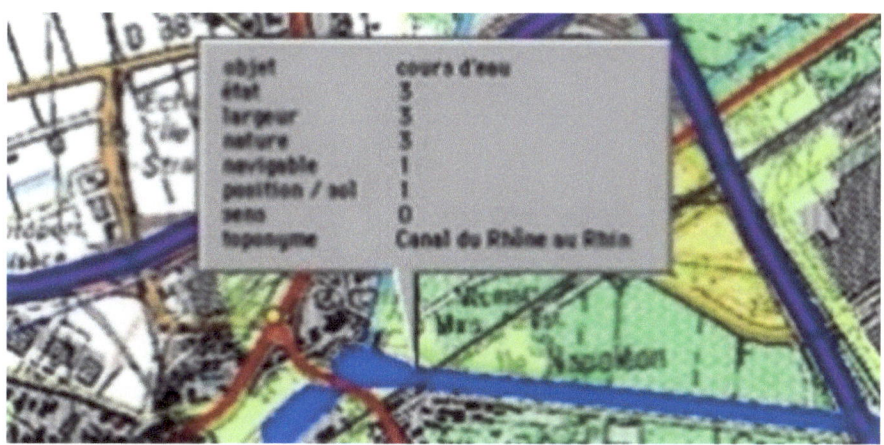

Figure 1 : les deux composantes de l'information géographique

Limites des cartes en papier

•   Pour représenter les informations   attributaires on est vite limité ;

•   La quantité d'information qu'elle peut recevoir est limitée

La cartographie classique présente quelques inconvénients à savoir :

1. La mise à jour des données cartographiques
2. L'édition et l'impression en temps opportun
3. L'analyse et la prise de décision

Comment combiner des données provenant de différentes sources dans un ensemble homogène, les traiter, les analyser, prendre des décisions afin de satisfaire des objectifs bien définis ?

Il faut chercher alors Un système

- capable de gérer aussi bien le graphique que les attributs ;

- Qui peut intégrer des informations de toutes provenances (cartes, terrain, photos, images sat, tableurs...) ;

- capable de gérer ces informations, pour permettre leur accès et leur mise à jour Pour produire de nouvelles informations

1-3- *Définition : qu'est ce qu'un SIG (Rappel)*

Un S.I.G. est un Système d'information Géographique. De nombreuses définitions apparaissent dans la littérature pour les SIG, mais souvent incomplètes, car ne présentant qu'un des aspects des SIG.

Selon les définitions du petit Larousse :

    ✓ Un système est une "combinaison d'éléments réunis de manière à former un ensemble"

Une information est un "élément de connaissance susceptible d'être codé pour être conservé, traité ou communiqué"

    ✓ Géographique est "relatif à la géographie ayant pour objet la description de la surface de la terre"

    ✓ Le terme "système" ici sous-entend généralement système informatique, L'informatique étant "la science du traitement automatique et rationnel de l'information en tant que support des connaissances et des communications, mettant en oeuvre des matériels et des logiciels.

✓ Plusieurs aspects sont donc sous-jacents à la notion de SIG. L'information qui est la donnée. Le géographique, qui qualifie cette information, en la supposant localisée dans l'espace. Le système qui sous-entend que cette information est organisé au sein d'un système informatique.

Un Système d'Informations Géographiques est :

Un ensemble de données numériques
Localisées géographiquement

Structurées à l'intérieur d'un système de
traitement informatique

Comprenant des modules fonctionnels
Permettant de :

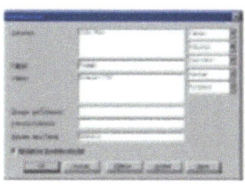

Créer et modifier   d'intéroger   de représenter cartographiquement

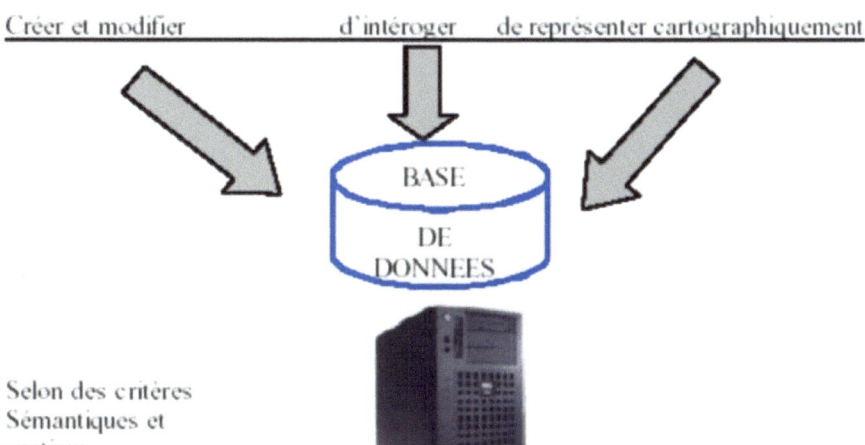

BASE

DE

DONNEES

Selon des critères
Sémantiques et
spatiaux

« Un Système d'informations géographiques (SIG) est un système informatique permettant, à partir de diverses sources, de rassembler et organiser, de gérer, d'analyser et de combiner, d'élaborer et de présenter des informations localisées géographiquement contribuant notamment à la gestion de l'espace »

(Définition adoptée par le comité scientifique du colloque intégration de la photogramétrie et de la télédétection dans les SIG SFPT, Strasbourg 1990).

1-4- Historique des SIG

La première application SIG, souvent citée en épidémiologie, est l'étude menée avec succès par le docteur John Snow. Il s'agit de l'épidémie de choléra dans le quartier de Soho à Londres en 1854 : ayant représenté sur un plan la localisation des malades et l'endroit où ils puisaient leur eau, il parvint à déterminer que c'était l'eau d'un certain puits qui était le foyer de contamination.

Dans les années 60, les cartes de l'Afrique de l'Est, trop nombreuses pour permettre de localiser les meilleurs endroits pour créer de nouvelles implantations forestières, font naître l'idée d'utiliser l'informatique pour traiter les données géographiques (SIG).

L'avancée de l'informatique encouragée par la prise de conscience environnementale ont permis l'usage des techniques et méthodes dans la science et l'aménagement du territoire. Le suivi, la gestion et la protection de la biodiversité sont également à l'origine de l'évolution des applications SIG. Depuis 1970, de nouvelles approches scientifiques transdisciplinaires et collaboratives ont vu le jour.

On distingue trois périodes principales dans l'évolution des SIG :

a) L'ère de l'innovation (1960-1970)

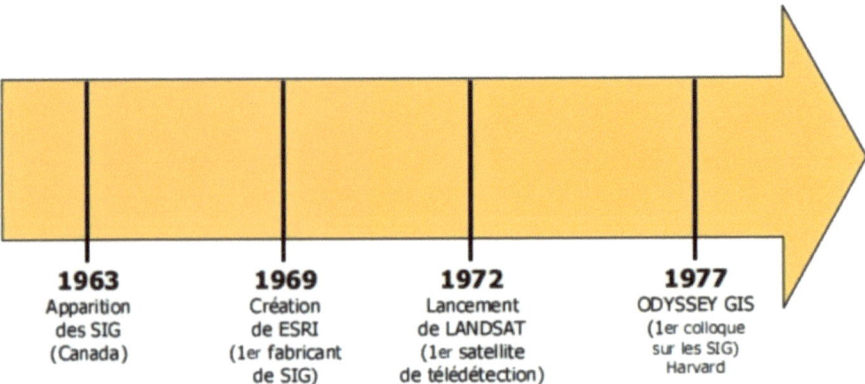

1963	1969	1972	1977
Apparition des SIG (Canada)	Création de ESRI (1er fabricant de SIG)	Lancement de LANDSAT (1er satellite de télédétection)	ODYSSEY GIS (1er colloque sur les SIG) Harvard

Début des années 1960 – milieu des années 1970 : début de l'informatique, premières cartographies automatiques

b) L'ère de la commercialisation (1980-1990)

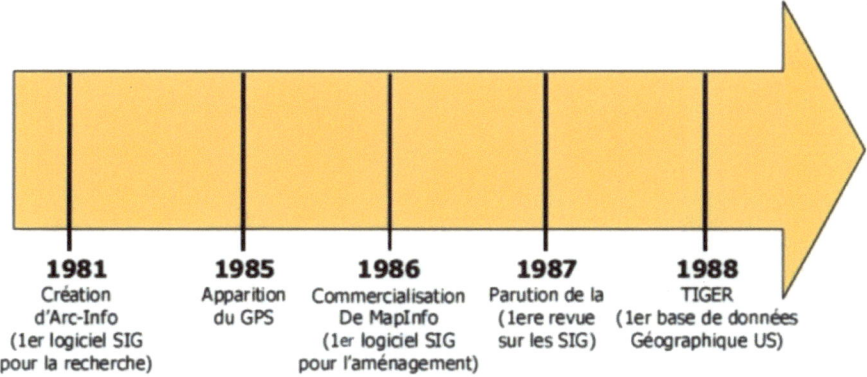

1981	**1985**	**1986**	**1987**	**1988**
Création d'Arc-Info (1er logiciel SIG pour la recherche)	Apparition du GPS	Commercialisation De MapInfo (1er logiciel SIG pour l'aménagement)	Parution de la (1ere revue sur les SIG)	TIGER (1er base de données Géographique US)

A partir du début des années 1980 : diffusion des outils de cartographie automatique/SIG dans les organismes d'État (armée, cadastre, services topographiques …) et une croissance du marché des logiciels SIG, développements des applications SIG.

c) L'ère de la mondialisation (1990-2000)

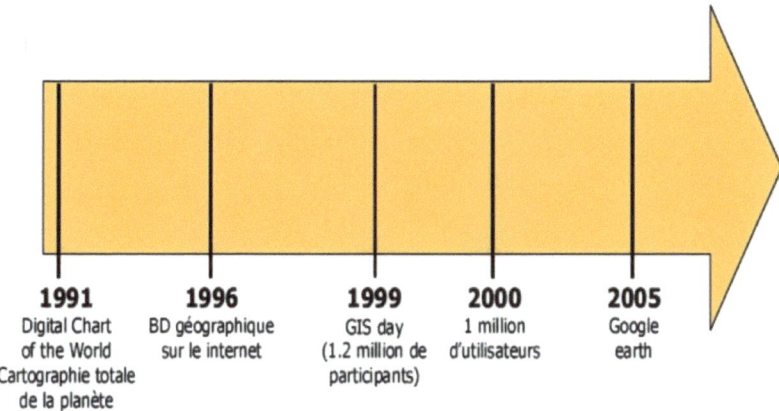

1991	**1996**	**1999**	**2000**	**2005**
Digital Chart of the World Cartographie totale de la planète	BD géographique sur le internet	GIS day (1.2 million de participants)	1 million d'utilisateurs	Google earth

depuis les années 1990 : mise en réseau des applications SIG sur Internet et une banalisation de l'usage de l'information géographique (cartographie sur Internet, calcul d'itinéraires routiers, utilisation d'outils embarqués liés au GPS...), apparition de « logiciels libres », etc.

1-5- LES COMPOSANTES D'UN SIG

Un SIG est constitué de cinq composantes majeurs tels que présentés par le schéma ci-dessous:

Figure 2 : les différents composants d'un SIG

1-5-1- La Composante informatique

Tout ce qui Hardware et Software

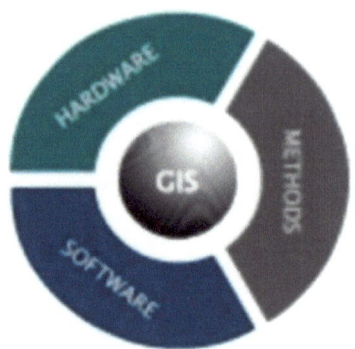

Figure 3 : compsante informatique

HARDWARE ou Matériel informatique:

•   Ordinateur(s) complet(s) performants

•   Périphériques d'entrée (table à numériser, scanner, caméra numérique, etc.)

•   Périphériques de sortie (écran, imprimante, table traçante)

SOFTWARE ou Logiciels SIG et langages de programmation

1-5-2- La Composante donnée

Cartes (topo, geol, forestiere, etc.), images sattelites., photo-Aériennes., statistiques, tables, etc

1-5-3- Composante personnel

Conception des normes, mise à jour, analyse, etc.

1-5- Les questions auxquelles doit répondre un SIG

Les SIG permettent de répondre à un grand nombre de questions sur le territoire

Où ?

Cet objet, ce phénomène, où se trouve-t-il ? Plus généralement, où se trouvent tous les objets d'un même type ?

Inventaire d'un type d'objets dans tous les endroits où il est présent, mise en évidence de sa répartition spatiale

Quoi ?

A cet endroit, que trouve-t-on ?

Inventaire de tous les objets ou phénomènes présents sur un territoire donné, mise en évidence des superpositions et des proximités.

Comment ?

Existent-elles des relations (ou non) entre ces objets ou phénomènes ? création d'une nouvelle information par croisement d'informations,

Problématique de l'analyse spatiale

Quand ?

En quel moment des changements sont-ils intervenus ?

Quels sont les dates et l'évolution de tel objet ou phénomène ?

Mise à jour des informations et conservation de l'historique de celle-ci,

Analyse temporelle

Et si ?

Que se passerait-il si tel scénario d'évolution se produisait ?

Quelles conséquences affecteraient les objets ou phénomènes concernés du fait de leur localisation ?

Projection dans l'avenir, simulation, *étude de projet, étude d'impact*

2 FONCTIONNEMENT DU SIG ET TYPE DE DONNÉES SPATIALES

La modélisation de la réalité constitue la première étape de la réalisation d'un système d'information.

Dans le cas des SIG, il faut essentiellement prévoir :

* Comment les différentes entités seront réparties en couches

* Par quel type d'éléments graphiques (ou cartographiques) elles seront représentées,

* Comment elles seront logiquement reliées entre elles.

Pour une représentation plus ou moins réaliste de l'environnement spatial, les SIG utilisent deux types de modèles.

– Le modèle vectoriel (mode vecteur)

– Le modèle image (mode raster)

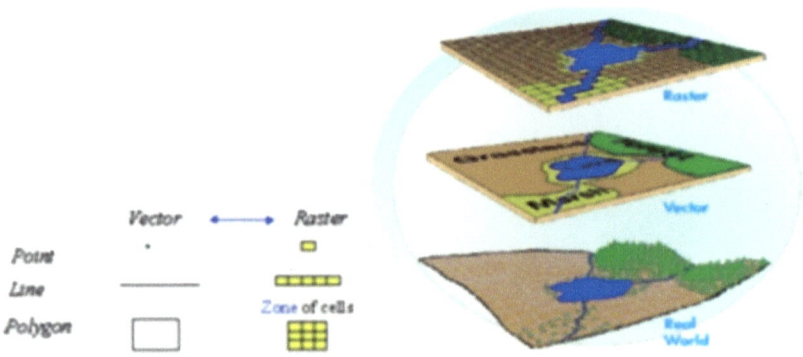

Figure 4 : représentation de la réalité par les deux types de modèles vectoriel et Raster

2-1. le modèle vectoriel (ou mode vecteur)

Le modèle vectoriel : l'ensemble des objets sont représentés par les éléments géométriques (primitives graphiques) qui sont :

• Le point

• Le polyligne ou ligne

• Le polygone.

Et qui sont définies en coordonnées réelles (X,Y ou coordonnées Géographiques).

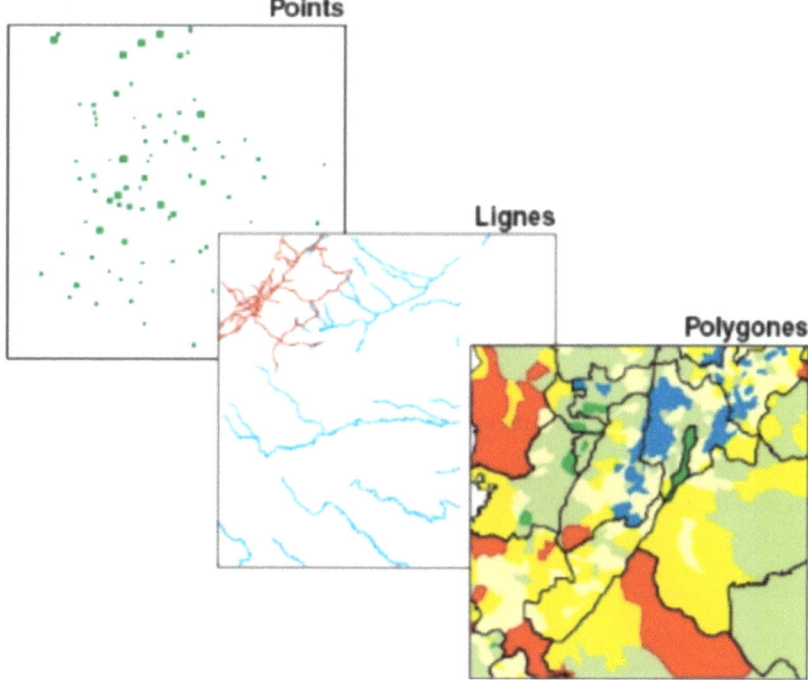

Figure 5 : les types de modèle vectoriel utilisés en SIG

Les données attributaires

Elles définissent les propriétés des différentes entités et figurent dans le modèle conceptuel de données. Elles sont de type alphanumériques (ce sont soit du texte, soit des chiffres).

Elles peuvent être qualitatives (nom de la parcelle) ou quantitatives (rendement d'une parcelle agricole, taux de pollution, précip. Moyenne, température, etc.).

Lien dynamique données attributaires et graphiques

2-2- Le modèle raster ou maillé ou image

Le modèle raster traite les données par une grille (grid) de surfaces élémentaires (ou cellule)   appelées "pixel" qu'on intègre à l'ordinateur à l'aide :

> ➤ d'un scanner;

> ➤ par l'importation à partir de fichiers de   satellites;
> ➤ par la conversion de modèle vectoriel.

A chaque cellule est associée une valeur donnée transformé en une intensité de gris ou une couleur

On peut distinguer deux type de données Raster :

- les images (utilisées essentiellement pour de la   représentation cartographique);

- les grilles (utilisé pour du calcul et de la modélisation)

Les images

Exemple : photo aérienne, image scannée.

L'information contenu dans la matrice de pixel concerne la couleur de représentation de l'information. Cette information n'est pas directement accessible.

Les grilles (ou grids)

Exemple : Modèle numérique de terrain (MNT) ou image satellitaire. L'information contenue dans la matrice de pixel concerne une valeur quantitative (ex. Altitude, reflectance). Cette information peut être vue et modifiée dans la table attributaire

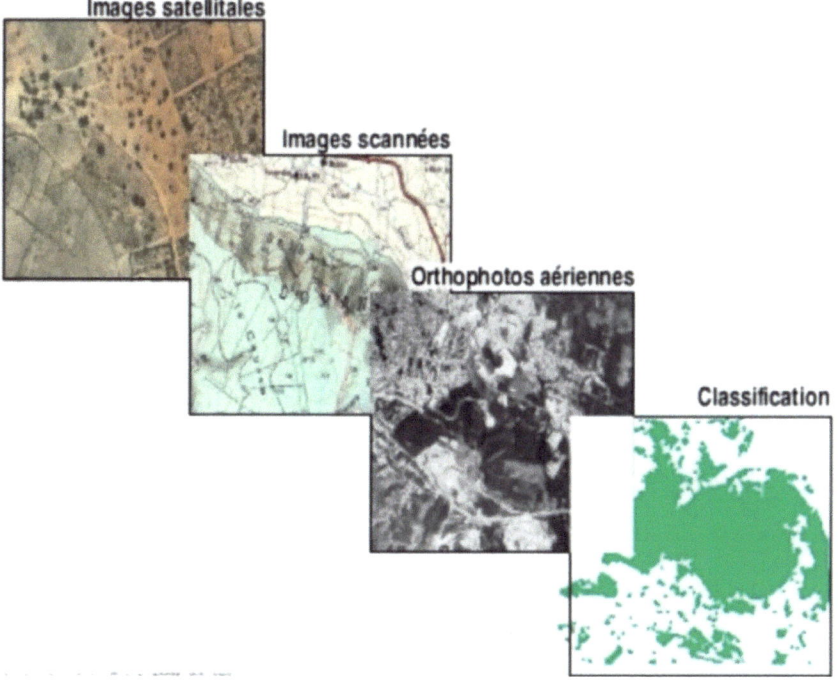

Figure 6: Exemple de données Raster utilisées en SIG

MODÈLE VECTORIEL	MODÈLE MATRICIEL
x,y définissent points, vecteurs et surfaces	i,j définissent une cellule qui représente toujours une surface
La résolution dépend du nombre de décimales	La résolution dépend de la taille de la cellule
La topologie est représentée implicitement ou explicitement	La topologie est toujours représentée implicitement
Les attributs sont rattachés aux entités	Les attributs sont rattachés aux cellules
La qualité graphique est indépendante de l'échelle de représentation	La qualité graphique est dépendante de l'échelle de représentation
Compact	Volumineux
Les opérations portant sur les points et les lignes sont faciles (système de projection, calcul de périmètre...).	Les opérations portant sur les surfaces sont faciles (calcul d'aire, superposition de couches)

3 NOTION DE COUCHES D'INFORMATION
3-1- Définition

Les données spatiales sont généralement intégrées dans un SIG sous forme de couches.

Une couche d'information est un plan sur le quelle sont représenté un ensemble d'entités géographiques indiquant un thème donné (de même type).

Chaque couche représente un sous ensemble thématique.

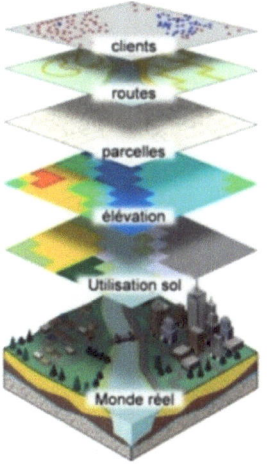

Figure 7 : Données spatiales organisées en couches et les données alphanumériques structurées en base de données

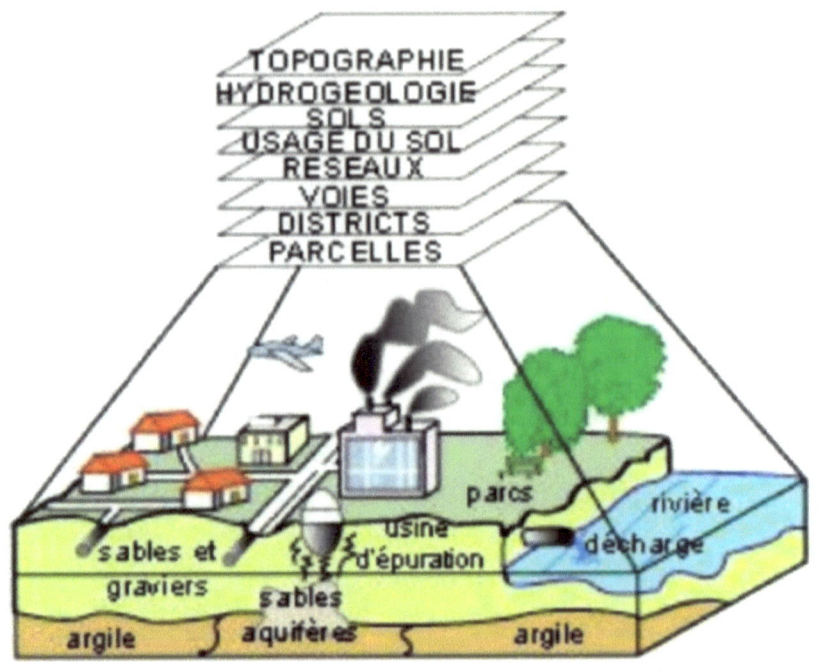

Figure 8 : Exemple de couches d'information

3-2- Quels objets cartographiques mettre sur la même couche?

De manière générale, on met sur une même couche un seul type d'objet cartographique. Ainsi, on voit assez rarement une couche contenir à la fois des points, des lignes et des polygones.

3-3. Quelles entités mettre sur la même couche?

De manière générale, on met sur une même couche des entités de même classe.
par exemple : toutes les rivières, toutes les limites municipales,
        tous les conduits d'égout, etc.
Plus précisément, on prévoit une couche par entité géographique. On ne mettrait jamais par exemple les routes et les rivières sur la même couche

4 LES FONCTIONS DES SYSTEMES D'INFORMATION GEOGRAPHIQUE

Les S.I.G assurent les 5 fonctions suivantes, parfois regroupées sous le terme des « *5A* » :

➢ Abstraction,

➢ Acquisition,

➢ Archivage,

➢ Analyse

➢ Affichage de données à caractère spatial

4-1- Abstraction

En tant que système d'information un SIG réalise une modélisation du monde réel.

Il comporte des outils qui permettent d'abstraire la réalité.

Faire une modélisation de la réalité : c'est de trouver un modèle de données pour représenter des objets et leurs comportements.

On distingue quatre niveaux d'abstraction de la réalité :

❖ Le monde réel

❖ Le modèle conceptuel

❖ Le modèle logique

❖ Le modèle logique

❖ Le modèle physique

4-2- Acquisition,

a- Acquisition directe des données spatiales

b-Digitalisation des cartes:

➢ Les Données Raster

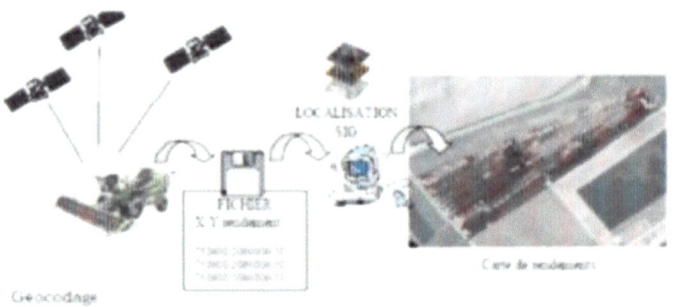

Figure 9 : données Raster

➢ Données Vecteur :

* numérisation sur écran

* Numérisation sur document papier

Figure 10 : Tabele à numériser A0

* Acquisition de données sur le terrain

Figure 11 : matériels d'acquisition des données géographiques sur terrain

4-3- **Archivage**

Le SIG sert à stocker les données et à les mettre à la disposition des utilisateurs du système

Espace de travail

Espace d'archivage

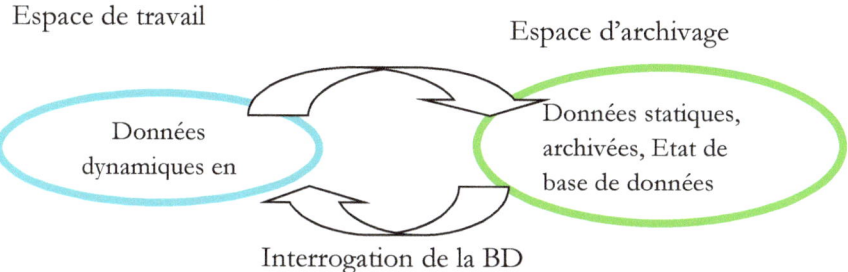

Données dynamiques en

Données statiques, archivées, Etat de base de données

Interrogation de la BD

4-4- **Analyse**

C'est l'interrogation, la transformation et la combinaison des données géographiques

Déduire de nouvelles informations à partir de celles contenues dans la base

Il existe plusieurs façons pour classer les fonctions d'analyse spatiales disponibles dans un SIG:

✓ Fonction de mesures, de sélection et de classification.

✓ Fonctions de superposition et de croisement de couches. (overlay functions)

✓ Fonctions de voisinages. (Neighborhood functions) ;

✓ Fonction de connections (Connectivity functions)

4-4-1- Fonction de mesures, de sélection et de classification.

a- Opérations de mesure dans le SIG : mode vecteur

Les opérations de mesures sur les vecteurs incluent le calcul de :

la localisation, la longueur, la distance et la superficie.

La localisation c'est une donnée toujours enregistrée pas le SIG :

• une paire de coordonnées pour chaque point

• une séries de pairs de coordonnées pour les lignes et pour les polygones

La localisation c'est une donnée toujours enregistrée pas le SIG :

• une paire de coordonnées pour chaque point

• une séries de pairs de coordonnées pour les lignes et pour les polygones.

La longueur est calculée pour les polylignes et pour les contours des polygones.

Pour le calcul de la distance entre deux points, le SIG utilise la fonction de Pythagore

b- Opérations de mesure dans le SIG : mode raster

• La superficie (S) est égale à : S= nombre de pixels * taille du pixel

• En connaissant la résolution, on peut calculer la superficie du pixel.

• Le nombre de pixels (ou cellule) est appelé aussi la fréquence ou compte.

Dans le cas des données en mode raster, on utilise le centre des pixels pour tout calcul de distance.

C- Requête spatiale pour la sélection d'objets dans le SIG

C1- Requête spatiale Interactive

C2- Sélection des objets en fonction de leur attributs

C3- Sélection des objets en utilisant des relations topologiques

4-4-2- Fonction de Combinaison, croisement de couche (Overlay functions)

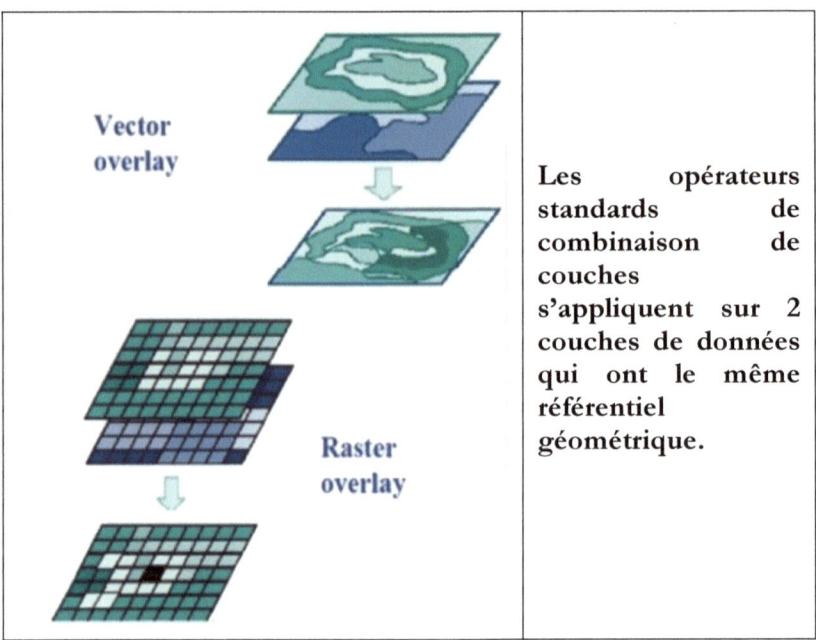

Vector overlay

Raster overlay

Les opérateurs standards de combinaison de couches s'appliquent sur 2 couches de données qui ont le même référentiel géométrique.

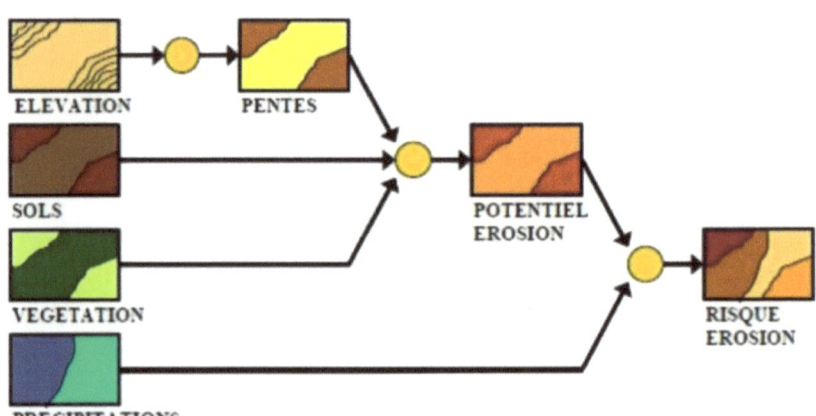

ELEVATION   PENTES

SOLS

POTENTIEL EROSION

VEGETATION

RISQUE EROSION

PRÉCIPITATIONS

Figure : Exemple de Combinaison, croisement de couche (Cas de l'évaluation du risque à l'érosion)

Techniques de combinaison des couches en mode vecteur:

- ✓ L'intersection
- ✓ La fonction clip

Techniques de combinaison des couches en mode raster:

- ✓ Opérateur arithmétique
- ✓ Opérateurs logique et de comparaison
- ✓ Expression de condition
- ✓ Table de décision

Autres Géotraitements sur des vecteurs

On distingue essentiellement

- ✓ Le regroupement
- ✓ L'agrégation
- ✓ Le découpage (déjà faite)
- ✓ La jointure spatiale
- ✓ L'intersection (déjà faite)
- ✓ L'union

Analyse tabulaire et statistique

La requête tabulaire (non spatiale) est une phrase logique de type :

Propriété, opérateur, valeur

exemples :

- ✓ superficie > 10
- ✓ superficie > 10 et pente < 5
- ✓ date_inondation >= 1/01/1994
- ✓ superficie > 10 et pente < 5 et date_**inondation >= 1/01/1994**

4-5- **Affichage et restitution**

Après traitement des données Les systèmes d'information géographique sont utilisés pour restituer les données sous différentes formes :

✓ Cartes thématiques :

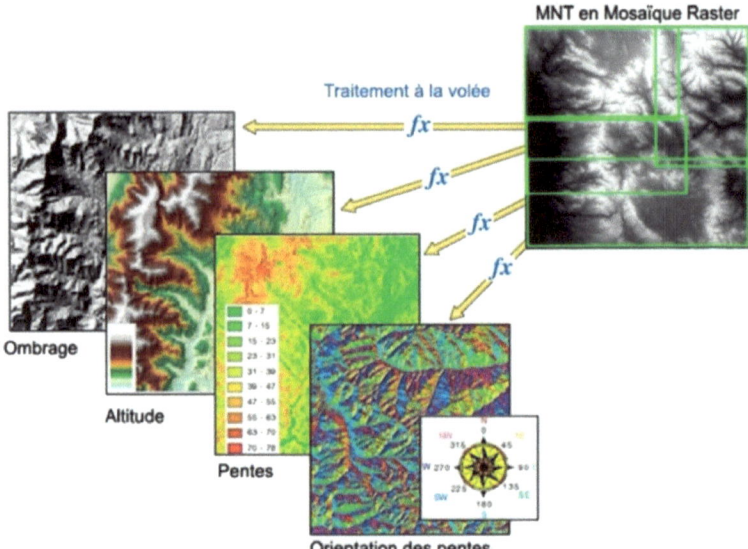

✓ Tables statistiques :

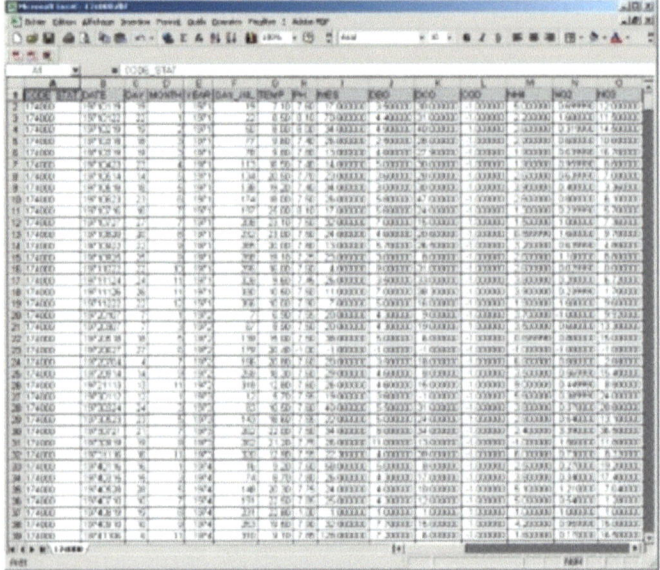

✓ Graphiques :

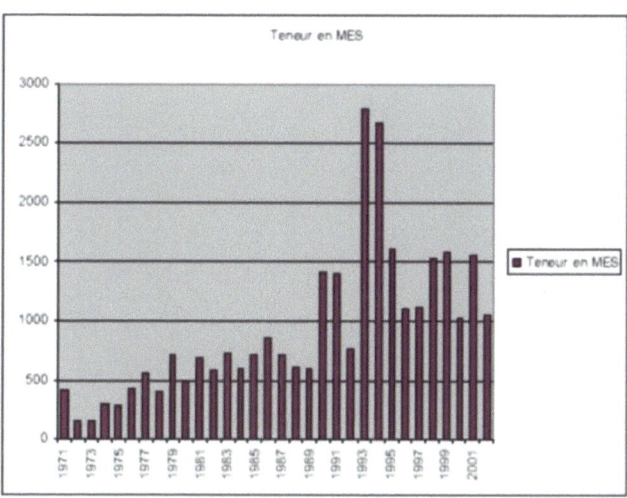

Tableau donnant la comparaison entre S.I.G et méthodes classiques

CARTES	SIG	Méthodes classiques
Sauvegarde	Standarisé et intégré	Différentes échelles et différentes normes
Extraction	Base de données numériques	Carte papier, recensement, tables
Mise à jour	Recherche par ordinateur	Vérification manuelle
Superpositions	Réalisation systématique	Coût et temps
Analyse spatiale	Très rapide	Énergie et temps
Visualisation	Facile et rapide	Compliqué

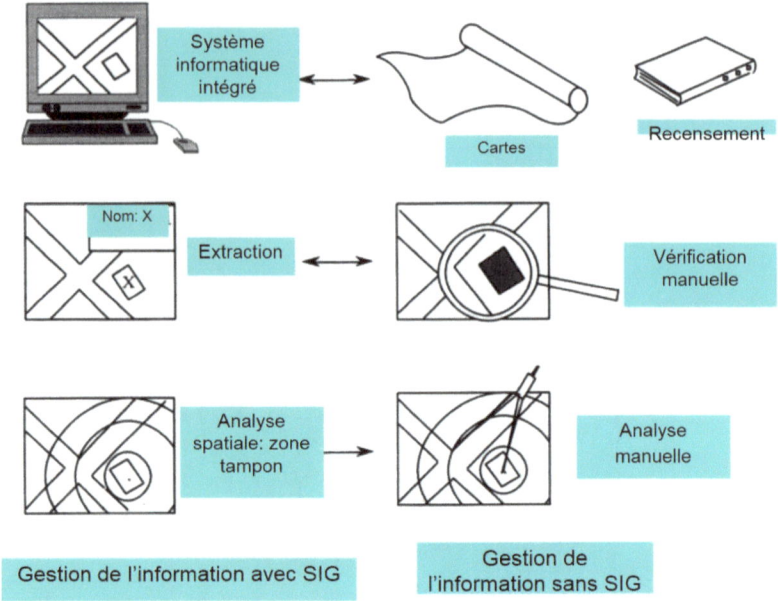

Comparaison entre les deux types de gestion de l'information (avec et sans les SIG)

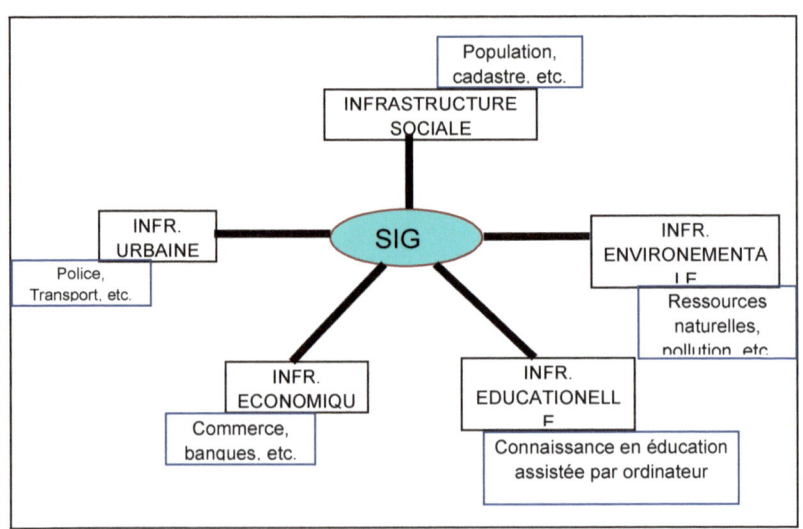

SIG & INFRASTRUCTURE D'INFORMATION

GEOGRAPHIC INFORMATION SYSTEMS (GIS)
"TOOLS FOR MANAGEMENT AND DECISION MAKING"

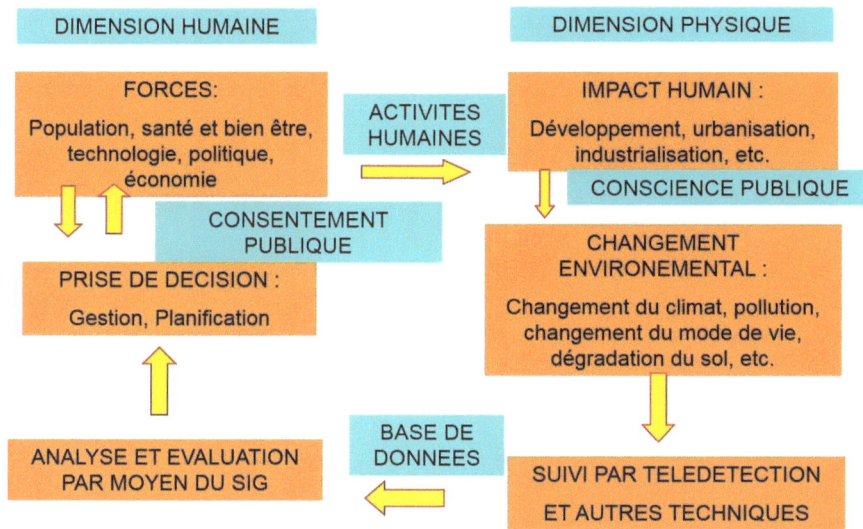

SIG : SUPPORT DE DECISION

Les applications montrent que les SIG peuvent :

nous aider à comprendre une situation par des recoupements d'informations nous aider à générer et analyser des scénarios par leur couplage à des modèles de simulation

nous aider à faire des choix lorsque plusieurs critères complexes entrent en jeu

5 CONCLUSION

Les SIG permettent d'acquérir, de gérer, de manipuler et de transmettre de l'information géographique. L'acquisition de données et les capacités de gestion associées vont ainsi faciliter l'intégration et l'organisation d'un modèle observé de la réalité d'un territoire. Dans un second temps, les SIG vont pouvoir servir de support à différentes analyses spatiales conduisant à une compréhension de ce territoire modélisé et permettre la production de documents, sous différentes formes, rendant compte de ces analyses. L'information ainsi conduite va conduire le ou les gestionnaires à prendre des décisions sur ce territoire, décisions qui vont pouvoir le modifier.

Les aspects matériels et logiciels ne sont plus une limite au développement des SIG. Ils accompagnent au contraire le développement exponentiel de cet outil. En effet, l'accélération des performances des ordinateurs (processeurs et capacités de stockage) permet au plus grand nombre de bénéficier de ces outils et permet également d'envisager le développement important de nouvelles technologies dans ce domaine .

La mise en place d'un système d'information géographique (SIG) vise des objectifs de court et long terme. À court terme, le SIG répond aux besoins opérationnels et quotidiens (cartographie thématique, gestion technique ou analyse); à long terme, il vise la création de bases de données fiables et pointues.

> ➤ Si l'objectif est d'automatiser la cartographie. Il faut prévoir des bases de données et l'intégration de celles-ci dans un logiciel de SIG. L'objectif étant la production de cartes, les phases conceptuelles sont souvent très limitées. La quantité de données collectées va souvent pousser le gestionnaire à constituer un système de gestion de bases de

données dans le but de les mettre à jour et de les analyser aisément.

➢ Si l'objectif est d'apporter une aide à la prise de décision. La planification et l'évaluation des actions doivent pousser les décideurs à mettre en œuvre un SIG afin de produire des indicateurs et de spatialiser les enjeux.

BIBLIOGRAPHIE

Antenucci, J.C., Brown, K., Croswell, P.L., and Kevany, M.J. (1991) Geographic Information Systems: A Guide to the Technology. New York, N.Y.: Van Nostrand Reinhold.

Benbasat, I., Dexter, A.S., and Todd, P. (1986). An Experimental Program Investigating Color Enhanced and Graphical Information Presentation: An Integration of the Findings. Communications of the ACM, 29:11, 1094-1105.

Bordin P., 2002. SIG concepts, outils et données, Hermès Science Publications.

Choy, M., Kwan, M.P., and Leong, H.V. (1994) On Real-Time Distributed Geographic Database Systems. Proceedings of the Hawaii International Conference on System Sciences, Vol. IV, held in January, 1994, pp. 337-346. Los Alamitos, CA: IEEE Society Press.

Cooke, D.F. (1992) Spatial Decision Support System: Not Just Another GIS. GeoInfo Systems, 2:5, 46-49.

Dangermond J., 1983, Les systèmes d'informations géographiques, Bulletin du Comité Français de la Cartographie, juin 1983, vol. n°96, p. 13–20.

Densham, P.J., Armstrong, M.P., and Kemp, K. K. (1995) Collaborative Spatial Decision-Making: Scientific Report for the Intitiative 17 Specialist Meeting. Orono, Maine: National Center for Geographic Information and Analysis.

Denegre J., Salge F., 2004 ; Les Systèmes d'Information Géographique, PUF, coll. Que sais-je? n° 3122 .

Essevaz-Roulet M., 2005. La mise en œuvre d'un système d'information géographique dans les collectivités territoriales, Ed. Techni-cités, coll. Dossiers d'experts.

Fraisse S., Pornon H., 2008 Les métadonnées : corvée ou nécessité ? Géomatique Expert, n° 63, pp. 29-35 [disponible en ligne le 11 juillet 2009] http://www.ieti.fr/xoops/publi_ieti/SF_GE_Metadonnees.pdf

Parker, H.D. (1988) The Unique Qualities of a Geographic Information System: A Commentary. *Photogrammetric Engineering and Remote Sensing*, 54:11, 1547-1549.

Reix R., 2002, Système d'information et management des organisations, Vuibert

Simon, H.A. (1960) *The New Science of Management Decision*. New York, NY: Harper and Row.

Turban, E. (1995) *Decision Support and Expert Systems*, 4th Edition. Englewood Cliffs, NJ: Prentice Hall.

WEBOGRAPHIE

DiBiase, David. *Nature of Geographic Information. An Open Geospatial Textbook, s. d.* https://www.e-education.psu.edu/natureofgeoinfo/

Joliveau, Thierry. « Géomatique et gestion environnementale du territoire. Recherches sur un usage géographique des SIG ». Université de Rouen, 2004. http://perso.wanadoo.fr/thierry.joliveau/Biblio/HDR.htm.

ABOUT THE AUTHOR

Pr. Dr. Ir. Ali ESSAHLAOUI

Professeur à la Faculté des Sciences de l'université Moulay de Meknès (Maroc). Titulaire d'un diplôme d'Ingénieur d'Etat en Géophysique appliquée (1990) de l'Ecole Mohammadia d'Ingénieurs (Rabat), d'un diplôme de DESA en géologie appliquée et environnement (1997) de la Faculté des Sciences Mohamed V de Rabat, d'un Diplôme de Docteur Es-Sciences Appliquées de l'Ecole Mohammadia d'Ingénieurs de Rabat (2000) en Hydro-Géophysique et titulaire d'une Habilitation à Diriger les recherche en 2003. 25 ans d'expérience dans l'enseignement supérieur. Responsable de l'équipe de recherche sur les sciences de l'eau et ingénierie de l'environnement, accréditée depuis 2005. Coordonnateur et membre de plusieurs projets de recherche international et national (action intégrée Volubilis, OTAN, Maroco - Egypt, Maroc-Turquie, etc.). Auteur de plus 40 articles scientifiques publiés dans des journaux spécialisés. Directeur de Thèse de plus de sept (7) Doctorat en sciences (déjà soutenues). Actuellement, l'auteur dirige cinq (5) autres thèses de Doctorat en sciences. Les principaux axes de de recherche de l'auteur sont : l'Hydrogéo-Géophysique, la télédétection, les S.I .G, les risques naturelles (Erosion hydrique, glissement de terrain, éboulement rocheux, inondations, etc.), modélisation hydrologique. Coordonnateur pédagogique de la licence professionnelle en ingénierie géologique et d'un Master spécialisé en géophysique appliquée et ingénierie géologique.

www.ingramcontent.com/pod-product-compliance
Lightning Source LLC
Chambersburg PA
CBHW041141180526
45159CB00002BB/697